...ÉTÉ NATIONALE D'AGRICULTURE DE FRANCE

18, RUE DE BELLECHASSE, 18

LA
CULTURE DU BLÉ

PAR

M. GATELLIER

PARIS

TYPOGRAPHIE GEORGES CHAMEROT

19, RUE DES SAINTS-PÈRES, 19

1890

SOCIÉTÉ NATIONALE D'AGRICULTURE DE FRANCE
18, RUE DE BELLECHASSE, 18

LA CULTURE DU BLÉ

PAR

M. GATELLIER (1)

MESSIEURS,

L'année dernière, dans le cours d'une conférence faite au congrès de la meunerie française, M. Grandeau m'a désigné comme futur conférencier, en indiquant que mes travaux, dont j'ai publié les résultats, pouvaient me permettre de vous donner d'utiles indications sur la culture du blé.

Pris ainsi à partie par un homme d'une aussi grande autorité que M. Grandeau, il m'a été impossible d'opposer un refus aux organisateurs de ce congrès, qui m'ont prié de prendre la parole à cette séance. Toutefois je réclame votre extrême bienveillance, parce que c'est aujourd'hui la première conférence que je fais.

Le sujet que j'ai pris à tâche de vous exposer : la cul-

(1) Conférence faite à la Bourse de Commerce à l'occasion du deuxième Congrès commercial annuel de Paris.

ture du blé, a déjà été traité d'une façon remarquable par mes confrères de la Société nationale d'agriculture de France, MM. de Vilmorin et Dehérain, aux congrès de la meunerie française et de l'Exposition universelle en 1889. D'un autre côté, M. Risler, directeur de l'Institut agronomique, et M. Joulie, collaborateur de cultivateurs distingués de Seine-et-Marne, ont publié sur le même sujet des brochures très intéressantes.

Mais tous ces agronomes ne se sont préoccupés de la question de culture du blé qu'au point de vue purement agricole. Tout en ayant le même but : c'est-à-dire d'augmenter la production du blé à l'hectare et d'en diminuer le prix de revient, de façon à suffire à notre consommation et à lutter contre la concurrence étrangère, j'ai poursuivi dans mes travaux l'idée plus spéciale d'avoir en même temps une bonne qualité de blé; et si je suis entré dans cette voie, c'est parce que j'étais en même temps cultivateur et meunier.

Il ne suffit pas en effet d'obtenir une grande quantité de blé de qualité inférieure et d'être obligé d'y additionner des blés étrangers de qualité supérieure.

Si j'ai pu arriver à certains résultats dans cet ordre d'idées, je le dois à la collaboration de deux hommes dévoués : M. L'Hôte, chimiste au Conservatoire des Arts et Métiers, qui s'est chargé de faire les analyses chimiques nécessaires, et M. Schribaux, professeur à l'Institut agronomique, qui a fait toutes les expériences de physiologie végétale.

Quelles conditions de qualité doit exiger le meunier du blé qu'il a à traiter?

Pour résoudre cette question, il est nécessaire d'analyser la structure et la composition du grain de blé.

Ayant eu l'honneur d'être, en 1883, président d'une commission d'expériences de mouture organisées par la chambre syndicale des grains et farines de Paris, et dont les résultats ont largement contribué aux progrès de la meunerie française, j'ai eu la bonne fortune d'avoir comme collaborateur M. Aimé Girard, délégué par le ministre de l'agriculture, qui nous a donné des notions très précises sur la constitution du grain de blé.

Ce grain se compose de trois parties dans les proportions moyennes suivantes :

Germe	1.50
Son	14.50
Amande farineuse	84 »
	100.00

Le *son* se compose de deux parties bien distinctes :

1° La portion extérieure du grain appelée *péricarpe*, composée de trois feuillets de substance ligneuse représentant 31 p. 100 du poids total du son ; 2° la portion intérieure, adhérente à l'amande farineuse représentant 69 p. 100 du poids total du son et qui se divise en trois éléments : le *testa*, l'*endoplèvre* et le *tégument séminal*. Le *testa* est une substance ligneuse qui, suivant sa coloration, donne au grain la couleur blanche, jaune ou rouge ; l'*endoplèvre* et le *tégument séminal* sont composés de cellules riches en matière azotée. Le *tégument séminal* contient en outre de l'huile.

Le *germe* est de même composition que le *tégument séminal*.

L'*amande farineuse* est formée de grandes cellules à parois transparentes toutes remplies d'une masse compacte de matière azotée appelée *gluten*, au milieu de laquelle des granules d'amidon sont empâtés. Dans les cellules centrales, les grains d'amidon sont plus gros et le ciment de gluten est de moindre importance. Dans les cellules périphériques de l'amande, au contraire, les grains d'amidon sont plus petits et le ciment de gluten est plus considérable.

Il en résulte que la partie périphérique de l'amande est plus riche en gluten que la partie centrale. De là cette conséquence mathématique, que plus le grain est rond et se rapproche comme conformation de la forme sphérique où il y a moins de surface périphérique par rapport au volume total, plus il y a d'amidon en proportion du gluten; et que plus le grain est allongé, plus il y a de surface périphérique par rapport à son volume, et plus la proportion de gluten est grande.

Il y a certainement une limite d'allongement qu'il ne serait pas désirable de dépasser. Si par exemple la forme du grain de blé se rapprochait de celle du grain de seigle, il y aurait certainement une plus grande proportion de surface périphérique de l'amande; mais, en même temps, il contiendrait une plus grande proportion de l'enveloppe, c'est-à-dire de son.

M. Aimé Girard, après avoir prouvé, par une expérience remarquable faite sur lui-même, que le son plus riche en matière azotée que l'amande du grain ne contenait pas d'azote assimilable au corps de l'homme, nous a démontré, dans nos expériences de mouture, que si on laissait dans la farine une certaine portion de cette matière azotée inassimilable appelée *céréaline*, provenant, soit du *tégument séminal*, soit du *germe*, on obtenait, par l'introduction de cette substance dans le pétrin du boulanger, une altération du gluten et de l'amidon de l'amande, et en même temps une coloration bise du pain.

Sa conclusion a été que le talent du meunier consistait, par son travail purement mécanique, à ne laisser dans la farine que l'amande même du grain de blé et toute l'amande, sans laisser dans le son la portion extérieure qui est plus riche en gluten, et sans y introduire de particules internes de son, ni de germe, qui ont la propriété d'altérer la composition de l'amande et de faire du pain bis.

Je m'aperçois que j'ai fait une digression qui m'éloigne de mon sujet, la culture du blé; mais j'ai voulu rendre hommage à un savant qui, après avoir éclairé la meunerie en lui indiquant les vrais principes de la mouture du grain, est arrivé à rendre un service analogue à la féculerie en étudiant la question de la pomme de terre.

Revenons à notre sujet :

Après cet exposé de la constitution du grain de blé, quelles sont les qualités que recherche le meunier dans la matière première qu'il a à traiter?

Le blé doit donner le plus grand rendement possible en farine première, et dans ce but il doit offrir un grain bien conformé ayant une enveloppe totale de son le plus mince possible.

Il doit fournir une farine de bonne qualité, c'est-à-dire contenant une proportion convenable de gluten : car le gluten joue un rôle important dans la panification, et d'un autre côté, c'est la matière azotée du grain qui a l'effet le plus utile pour l'alimentation.

Il doit en outre se trouver dans un état de siccité suffisant, parce que la mouture des grains humides présente plus de difficultés, quels que soient les appareils de mouture employés.

Je laisse de côté la question de coloration du grain, qui n'a d'importance que pour l'emploi d'appareils de mouture moins perfectionnés.

La coloration du blé n'est en effet due qu'à la couleur d'une enveloppe intermédiaire du son, le *testa*, et l'amande intérieure est aussi blanche dans le grain rouge que dans le blé blanc.

Si l'on emploie des appareils de mouture imparfaits, qui n'effectuent pas la séparation complète de la farine et du son, il reste dans la farine des particules de l'enveloppe du grain excessivement ténues, lesquelles sont moins visibles dans l'aspect général de la farine lorsqu'elles proviennent d'un blé blanc, et plus apparentes quand elles viennent d'un blé rouge.

Quelques meuniers supposent que l'épaisseur du son est plus mince dans le blé blanc que dans le blé rouge; mais cette supposition n'est basée sur aucun fait d'expérience sérieuse. M. Schribaux a analysé quarante-cinq variétés de blé, en recherchant dans chacune la proportion de son d'après une méthode inventée par M. Aimé Girard, en détachant complètement les enveloppes et en les pesant. C'est une œuvre extraordinaire de patience. Il a trouvé que la proportion de son par rapport à la totalité du grain variait entre 13,51 et 16,70; et les chiffres inférieurs comme les chiffres supérieurs s'appliquaient aussi bien à des espèces de blé blanc qu'à des espèces de blé rouge.

La siccité du grain dépend essentiellement du temps qu'il fait au moment de la moisson.

Pour obtenir du blé sec, il est nécessaire qu'après la coupe du blé, la paille soit suffisamment séchée avant la rentrée à la grange ou la mise en meules.

Quelques pays étrangers sont singulièrement privilégiés parce qu'il fait toujours un temps sec au moment de la moisson. Nous n'avons pas toujours chez nous le même privilège; mais l'habitude de la mise en moyettes aussitôt après la coupe du blé, qui se propage de plus en plus, permet d'arriver au même résultat avec un temps incertain, pourvu qu'on ne se presse pas trop de rentrer les moyettes, et qu'on ne les rentre pas par une température humide.

M. Aimé Girard nous a prouvé, dans ses expériences de mouture, que le blé et la farine étaient des substances très hygrométriques, perdant une partie de leur eau de constitution par la sécheresse et la reprenant par l'humidité. C'est ce qui explique le motif pour lequel dans les expériences de farine douze-marques, où l'on a cru bien faire en introduisant la question d'humidité, il est difficile, dans les mois de janvier et février qui sont généralement humides, d'arriver au minimum d'humidité exigé par le règlement.

J'arrive à la question de *gluten* que j'ai spécialement étudiée.

Voici l'origine de mes recherches à ce sujet :

Dans une ferme que je cultive à Luzancy, en Seine-et-Marne, j'ai récolté en 1882, dans le même sol sableux, en employant les mêmes engrais complémentaires, du blé de l'espèce *Victoria blanc*, dans trois conditions différentes d'assolement :

1° Après betteraves à sucre;

2° Après récent défrichement de luzerne;

3° Après récolte de minette et emploi de fumier à raison de 30.000 kil. à l'hectare.

J'ai obtenu des blés tous différents d'aspect.

Le plus beau était celui venant après betteraves. Il était de forme sphérique, avec une couleur d'un blanc laiteux caractéristique de cette espèce de blé. Le même blé, après les autres récoltes, présentait un grain plus allongé et de couleur plus grise.

On n'aurait jamais pu croire que ces trois sortes de blé provenaient de la même semence.

La mouture de chacun de ces blés a été faite à part, et voici les résultats de l'analyse de sa farine, à l'état sec, faite par M. L'Hôte :

	Gluten sec
1° Farine de blé après betterave	9.06
2° Farine de blé après récent défrichement de luzerne	10.06
3° Farine de blé après minette et fumure directe.	10.50

La détermination du gluten sec a été faite en dosant l'azote par la méthode de la chaux sodée, et multipliant par le coefficient 6,25, d'après MM. Dumas et Cahours, le chiffre obtenu d'azote pour avoir la quantité de gluten sec.

Le gluten humide, dont on détermine les proportions dans les expertises de farine douze-marques, est du gluten sec additionné d'eau de plus du double de son poids ; mais la proportion de gluten sec ou humide entre deux mêmes farines est la même.

Il résulte de l'expérience précitée, que le blé de plus belle apparence, celui après betterave, était le moins riche en gluten. Les récoltes précédentes ont donc une influence sur la richesse en gluten du blé suivant. Comme la betterave est une plante avide d'azote, tandis que dans les autres cas, par suite du défrichement de luzerne, d'une part, et de la récolte de minette avec fumier, d'autre part, il restait plus d'azote assimilable dans le sol, j'ai été amené à conclure que la richesse en azote du sol augmentait la richesse en gluten du blé.

Cette conclusion nous a fait faire une seconde recherche.

Est-il possible d'enrichir en gluten le blé après betteraves, par adjonction d'engrais plus azotés ?

Nous avons alors semé en 1882 le même blé Victoria après betteraves, dans une pièce où la récolte de betteraves avait été très régulière.

Après avoir fait la récolte en 1883 et après avoir moulu séparément les blés à doses différentes d'engrais, nous avons obtenu les résultats suivants pour l'analyse des farines à l'état sec :

Engrais employés à l'hectare	Rap. de l'az. à l'acide phosphorique dans l'engrais	Gluten sec
100 k. sulfate d'ammoniaque 300 k. superphosphate	$\dfrac{4}{9}$	10.43
200 k. sulfate d'ammoniaque 300 k. superphosphate	$\dfrac{8}{9}$	11.37
300 k. sulfate d'ammoniaque 300 k. superphosphate	$\dfrac{12}{9}$	12.75
300 k. sulfate d'ammoniaque 600 k. superphosphate	$\dfrac{6}{9}$	11.31

Ces résultats semblent prouver qu'il est possible d'augmenter, par la culture, la richesse en gluten du blé, et que cela dépend de la proportion d'azote par rapport à l'acide phosphorique employé dans l'engrais.

La conversion du blé en farine présentant, dans un moulin, certaines difficultés, parce qu'il faut un échantillon d'une certaine importance, pour obtenir aussi exactement que possible le mélange des différentes farines correspondantes à la mouture du même blé, M. L'Hôte a, dans nos recherches successives, analysé directement la richesse en azote du blé, sans le moudre.

En multipliant par 6,25 le dosage de l'azote pour avoir le gluten sec, nous avons obtenu une proportion de gluten supérieure à la réalité d'environ 1 p. 100, parce que l'azote contenu dans le son et le germe constituant en poids 16 p. 100 du grain, et qui sert de base pour le calcul du gluten, est en plus grande proportion dans l'enveloppe que dans l'amande.

En analysant le blé tout entier pour la recherche de la richesse en gluten, on s'expose à de moindres erreurs que celles qui peuvent provenir de l'analyse de la farine obtenue par la mouture, si l'on n'a pas soin de bien mélanger absolument les produits farineux de cette mouture. Par exemple, la farine obtenue de premier jet d'un blé quelconque est composée de parties d'amidon plus friables, et est par conséquent plus riche en amidon et moins riche en gluten que la farine obtenue de l'écrasement des gruaux.

Après avoir étudié l'influence des récoltes précédentes sur la richesse en gluten, et aussi celle des apports d'engrais sur cette même richesse, nous avons été amenés à rechercher la variation de teneur en gluten de diverses espèces de blé.

Pour avoir des résultats comparables, et dégager d'une façon absolue l'influence de l'espèce, il était nécessaire que toutes ces variétés de blé expérimentées fussent cultivées dans la même pièce, après la même récolte et avec le même apport d'engrais.

Nous avons étudié, dans ces conditions, onze variétés

de blé d'automne, chez M. Antoine Petit, cultivateur à Meaux, et nous avons obtenu des écarts de 2.44 p. 100 variant de 9.56 pour le moins riche, le blé Poulard d'Australie, jusqu'à 12 p. 100 pour le blé de Crépy.

Nous avons reconnu qu'il n'y avait aucune relation entre le rendement en poids à l'hectare et la richesse en gluten. Ce n'est pas comme pour la betterave, où la teneur en sucre ne se concilie pas, à moins d'apports d'engrais considérables, avec un poids élevé de récolte à l'hectare.

La richesse en gluten du blé dépend de deux causes : 1° de la récolte précédente et de l'apport d'engrais, en somme de la richesse en azote du sol ; 2° de l'espèce ensemencée.

A la suite de nombreuses expériences, nous avons trouvé qu'il peut exister d'aussi grandes différences dans la richesse en gluten de diverses espèces cultivées dans le même sol, qu'entre les mêmes espèces provenant de cultures différentes. Du reste, l'influence de la culture sur la richesse en gluten nous est donnée par un exemple frappant : Les blés d'origine anglaise sont souvent pauvres en gluten ; et ce sont ces blés qui, semés en Amérique et en Australie dans des terres azotées, provenant de défrichements de prairies ou de bois, donnent des qualités riches en gluten. Il est à remarquer que les blés récoltés dans des terres vierges se déforment ; au lieu d'être ronds ils deviennent allongés.

Si dans la culture de la betterave à sucre, l'influence de la graine pour la production du sucre est tout à fait prédominante, et si la richesse en sucre ne se concilie généralement pas avec le rendement en poids, il n'en est pas de même pour la culture du blé.

Là, il est possible d'obtenir à la fois la grande production et la richesse en gluten. Il suffit pour cela: 1° d'avoir soin de donner à la terre, comme engrais, après les récoltes épuisantes d'azote, telles que la betterave, des substances azotées, en se gardant toutefois d'ajouter des quantités excessives d'azote qui peuvent produire la verse, l'échaudage et la rouille du blé; 2° d'ensemencer des espèces qui soient à la fois productives et riches en gluten.

Pour en terminer avec la question du gluten, j'ai à parler d'une communication que j'ai faite dernièrement à la Société nationale d'agriculture de France, au sujet de l'influence de l'époque du moissonnage sur la richesse en gluten. Mon confrère, M. Fernand Raoul-Duval, demandait s'il était préférable de couper les blés versés avant maturité, plutôt que de les laisser plaqués sur le sol. J'ai dit qu'il était préférable de les couper prématurément, que cela ne nuisait nullement à leur richesse en gluten, et j'ai cité des expériences faites en 1888 et 1889 de blé coupé quinze jours avant maturité et mis en moyette, comparé avec le même blé coupé à maturité et mis de la même façon en moyette et rentré le même jour.

Voici les résultats de richesse en gluten donnés à l'état sec par M. L'Hôte :

	Richesse en gluten.
Blé Roseau coupé le 22 juillet 1888.	13.12
Même blé coupé le 3 août 1888.	11.50
Blé Roseau coupé le 2 juillet 1889.	14.31
Même blé coupé le 18 juillet 1889.	12.50

La richesse en gluten est donc plus grande lorsque le blé est coupé avant maturité. Mais il ne faut pas d'exagération par une coupe par trop hâtive.

Entre la fécondation et la maturité du blé, il se passe des phénomènes très complexes que M. Joulie a parfaitement analysés. Il y a migration vers l'épi des éléments azotés et phosphatés, et rétrogradation des éléments potassiques de l'épi, dans le sol. Si l'on coupe le blé trop avant maturité, la migration de ces divers éléments ne se fait pas convenablement, et le grain devient étique. On peut sans inconvénient couper le blé, aussitôt que l'on peut reconnaître la coloration rouge ou blanche du grain, ce qui indique que le *testa* est formé, mais à la condition de laisser le blé en moyette jusqu'à sa complète maturité.

Si la richesse en gluten du blé tient en partie à l'espèce cultivée, la faible épaisseur de l'écorce du son, qui est recherchée par la meunerie, en dépend aussi essentiellement; et ces diverses qualités ne sont pas incompatibles avec la grande production.

Nous nous sommes proposé de créer des variétés de blé réunissant les avantages de la grande production, de la qualité du grain à tous les points de vue, et de la qualité de la paille. Nous avons cherché à obtenir ces variétés par le croisement artificiel d'espèces réputées productives, avec d'autres ayant la réputation de fournir du grain de bonne qualité.

En 1884, nous avons commencé par croiser le blé de Crépy, dont le grain passe pour être de bonne qualité, avec les trois espèces productives suivantes :

1° Le blé Roseau,

2° Le blé Victoria blanc,

3° Le blé Goldendrop.

Cette même année 1884, plusieurs missions de cultivateurs français ont été envoyées en Allemagne, et nous

- 14 -

ont rapporté le fameux blé Shiriff Square Head donnant chez nos voisins de très beaux rendements. Nous avons donc semé ce blé, et nous l'avons pris, à cause de sa productivité, comme base de nouveaux croisements effectués en 1885 avec 5 autres espèces de blé, pouvant apporter la qualité :

1° Le blé de Crépy,

2° Le blé de Bergues,

3° Le blé Bélotourka barbu,

4° Le blé Dattel, déjà obtenu par croisement,

5° Le blé de Hongrie barbu.

Ces croisements ont été faits d'après une méthode indiquée par M. de Vilmorin.

Aussitôt après l'épiage de l'espèce prise comme mère, on coupe le haut de l'épi de façon à ne laisser que deux à trois épillets attachés à la tige. On ouvre délicatement chacune des fleurs de ces épillets qui renferme dans son intérieur le pistil et trois étamines. Pour éviter la fécondation naturelle, qui se produit à un moment donné par le déversement du pollen des étamines sur le pistil, on retranche les étamines ; de sorte que les fleurs ainsi traitées par cette opération de castration et refermées soigneusement, ne peuvent plus produire de grain. Plus tard, lorsque, dans l'espèce prise comme père, on voit sortir d'un épi quelques étamines, ce qu'on prend à tort pour la floraison du blé, c'est une indication que dans d'autres fleurs de ce même épi la fécondation s'effectue. En secouant cet épi à ce moment opportun on obtient la poussière fécondante, le pollen, qu'on déverse dans les fleurs castrées de l'espèce prise comme mère, en les ouvrant à nouveau et les refermant.

Dans les deux séries de croisement que nous avons

effectuées en 1884 et 1885, les opérations ont été faites dans les deux sens inverses, c'est-à-dire que chaque espèce croisée avec une autre a été employée successivement comme père et comme mère.

Sur cent opérations ainsi conduites, nous avons récolté cinquante grains; c'est-à-dire que nous avons réussi dans la moitié des cas.

Les grains récoltés ont été semés à l'automne suivant, dans des lignes séparées, d'après les différentes catégories de croisement.

Le même croisement nous a donné, dès la première année, une ou plusieurs variétés distinctes, que nous avons classées suivant les caractères de forme et de couleur de l'épi.

Ces diverses variétés, semées séparément après la récolte, nous ont donné, la troisième année, des produits desquels nous avons éliminé les épis présentant le cachet extérieur, soit du père, soit de la mère, et nous n'avons conservé comme semence que les grains provenant des épis représentant, soit la variété déjà primitivement obtenue, soit une sous-catégorie nouvelle. La quatrième année, nous avons encore éliminé les rares épis, dans lesquels nous ne trouvions pas fixés les caractères que nous avons observés dans les variétés des récoltes précédentes.

Nous avons supprimé deux variétés, provenant de croisement avec des blés barbus, qui nous avaient donné des épis barbus.

Les blés nouveaux ont été dénommés par le nom du père, que nous avons fait suivre du nom de la mère et par un numéro, le numéro 0 indiquant les croisements obtenus en 1884 et le numéro 1 ceux obtenus en 1885.

Les variétés provenant d'une nouvelle récolte ont été désignées par la mention *bis*.

Ainsi, par exemple, pour les croisements du Shiriff avec le Crépy, nous avons établi les dénominations suivantes :

Shiriff-Crépy.	n° 1
Shiriff-Crépy.	n° 2
Crépy-Shiriff.	n° 1
Crépy-Shiriff.	n° 2
Crépy-Shiriff.	n° 2 *bis*

Cela veut dire que les deux premières variétés ont le Shiriff comme père, et le Crépy comme mère ; que les deux suivantes ont le Crépy comme père et le Shiriff comme mère ; et que la dernière provient d'une sous-variété du Crépy-Shiriff n° 2 obtenue après une deuxième récolte.

Nous avons trouvé que, sur 37 produits de croisement, 20 ressemblaient à la mère, 16 tenaient à la fois du père et de la mère, 1 ne ressemblait ni à l'un ni à l'autre, et qu'aucun ne tenait uniquement que du père.

Ces résultats font supposer que, dans les croisements artificiels du blé, l'influence de la mère est généralement prépondérante.

Nous avons examiné successivement dans ces nouvelles variétés :

1° Les caractères extérieurs de l'épi et du grain ;

2° La composition chimique du grain ;

3° Le rendement en grain ;

4° La proportion d'amande du grain par rapport au son.

Pour les caractères extérieurs de l'épi, nous avons trouvé un fait remarquable pour l'espèce qui ne ressemble ni au père, ni à la mère, le *Shiriff-Crépy* n° 2 ; nous avons reproduit une espèce déjà connue, le *blé bleu*, et nous ne pouvons constater, comme caractère, aucun indice pouvant différencier cette espèce de *blé bleu*.

Pour la composition chimique du grain, ces blés obtenus dans un sol riche en azote ont donné, comme gluten, des proportions variant entre 14.31 et 19.18 p. 100. La proportion entre l'acide phosphorique et l'azote a varié entre les fractions suivantes 1/1,92 et 1/2,69 et a été en moyenne 1/2,35.

Le rendement en grain a été évalué en multipliant le poids moyen du grain par le nombre moyen des grains dans un épi ; il a varié du simple au double.

La proportion de son dans les diverses variétés a été de 13,51 au minimum et de 16,70 au maximum.

Nous avons obtenu, en 1888, 35 variétés nouvelles, que nous avons exposées à l'Exposition universelle de 1889, en mettant en regard les épis des espèces ayant servi de père et de mère.

En 1889, nous avons ensemencé seulement 15 de ces variétés, en éliminant les 20 autres dont les caractères généraux ne présentaient rien de remarquable.

Pour l'ensemencement de 1890, nous en supprimerons encore 4, et il nous en restera 11.

En procédant ainsi par élimination, nous nous estimerons heureux, si nous pouvons obtenir, de l'ensemble de notre travail, 4 ou 5 variétés pouvant satisfaire au double but que nous nous sommes proposé : grande production et bonne qualité du grain. Et nous aurons obtenu ce résultat seulement en 1892 ; il nous aura fallu 7 à 8 années pour l'obtenir.

J'arrive, en dernier lieu, à l'étude de la bonne conformation du grain, exigée par le meunier pour obtenir un bon rendement en farine.

Jusqu'à l'époque de formation de l'épi et de la fécondation qui suit immédiatement, la plante a tiré du sol tous les éléments nécessaires à sa nutrition.

M. Georges Ville nous a fait connaître que, parmi les 14 éléments qui entrent dans la composition de la plante, trois : le carbone, l'oxygène et l'hydrogène, sont fournis par l'air, sept se trouvent toujours en quantité suffisante dans le sol; il n'y en a que quatre : l'azote, l'acide phosphorique, la potasse et la chaux, dont on doit s'occuper dans la composition des engrais, pour obtenir une bonne récolte.

La chaux est donnée là où elle est nécessaire, par le marnage et le chaulage des terres.

La potasse existe généralement en quantité suffisante dans les terres argileuses; elle est souvent nécessaire dans les terres calcaires, et on l'additionne aux engrais, à l'état de chlorure de potassium ou de sulfate de potasse.

L'acide phosphorique est fourni à l'état 1º de phosphates naturels, 2º de scories de déphosphoration, qui sont des phosphates artificiels produits dans la fabrication du fer, par des minerais phosphatés, et 3º de superphosphates provenant du traitement des phosphates naturels par l'acide sulfurique.

M. Grandeau a préconisé l'emploi des phosphates naturels et des scories de déphosphoration, par la raison que l'acide phosphorique de ces matières produisait le même effet que celui des superphosphates, avec une valeur moitié moindre.

Dans les terrains de la Brie, nous avons trouvé, par diverses expériences, que l'emploi des superphosphates donnait aux cultivateurs un résultat supérieur et plus immédiat.

L'azote est fourni à l'état de nitrate de soude, de sulfate d'ammoniaque ou de sang desséché.

A partir de la fécondation jusqu'à la maturité, les éléments accumulés dans les racines et la tige concourent, par leur migration, à la formation du grain.

M. Joulie nous a démontré que l'azote et l'acide phosphorique, pendant cette période, avaient une migration ascendante vers l'épi et que la chaux et surtout la potasse avaient une migration descendante, et même qu'une portion de ce dernier élément retournait dans le sol.

Pour arriver à une bonne conformation du grain, il est nécessaire que dans l'intervalle de la fécondation à la maturité, ces migrations d'éléments s'effectuent dans des conditions normales. Or, elles peuvent être arrêtées par trois sortes d'accidents : 1° la *verse*, 2° l'*échaudage*, 3° la *rouille*, qui ont tous pour résultat de donner du blé maigre.

Par la *verse* à plat, les communications entre la racine et la tige sont presque rompues, et il se produit un effet analogue à celui que j'ai déjà indiqué, lorsqu'on coupe le blé par trop vert.

L'*échaudage* provient également de la rupture des communications entre la tige et l'épi, par suite du dessèchement trop rapide des parties supérieures de la tige.

La *rouille*, quand elle s'attaque, non pas seulement aux feuilles, mais à la tige, a pour effet de rendre aussi le grain maigre. Elle produit même un vrai désastre, quand le champignon, cause de la *rouille rouge*, passe sur l'épine-vinette et revient l'année suivante sur le blé pour lui donner la *rouille noire*.

Chaque année, des plaintes de cultivateurs ont lieu au sujet de la *rouille noire* occasionnée par l'épine-vinette. La Société nationale d'agriculture de France, après une discussion très approfondie, a demandé la destruction de l'épine-vinette, partout où cette plante pouvait être nuisible à la culture du blé.

Nous espérons qu'un jour satisfaction lui sera donnée.

Laissant de côté cette question de rouille noire, qu'on peut facilement résoudre par la destruction d'une plante nuisible, nous pensons que les accidents susceptibles d'atteindre le blé entre les époques de sa fécondation et de sa maturité, la verse, l'échaudage et la rouille ordinaire, tiennent à une cause unique : le défaut d'équilibre entre l'azote et l'acide phosphorique mis à la disposition de la plante.

Un végétal n'est pas, comme un minéral cristallisé, composé de divers éléments dans des proportions invariables. Il prend comme nourriture, dans le sol, ce qui se trouve à sa portée, et sa composition n'est pas uniforme. S'il y a dans le blé excès d'azote par rapport à l'acide phosphorique, tous les accidents ci-dessus mentionnés sont à craindre.

Déjà en 1882, par des mémoires présentés à la Société nationale d'agriculture de France, sur l'étude du prix de revient des fumiers et de la fumure rationnelle et économique à employer pour la production du blé, j'ai signalé cette théorie de la proportionnalité nécessaire, entre l'azote et l'acide phosphorique, pour obtenir du bon blé ; et depuis cette époque, cette théorie m'a été confirmée par l'expérience.

A propos de la verse, qui est une question d'actualité cette année, on disait autrefois que cet accident était dû à un manque de silice dans la paille. Depuis qu'Isidore Pierre a démontré, par l'analyse, qu'il y avait au moins autant de silice dans les blés versés que dans les blés droits, on a été obligé de chercher une autre raison.

J'ai fait analyser cette année, par M. Duclos, chimiste à Meaux, deux échantillons d'une même espèce de blé (racine, tige et épi) provenant du même terrain, l'un droit et l'autre versé. Voici les résultats de l'analyse :

	Proportion d'acide phosphorique à l'azote.
Dans le blé droit.	1/2
Dans le blé versé.	1/2.53

Mon collègue, M. Bénard, membre de la Société nationale d'agriculture, a présenté à cette Société des résultats absolument analogues.

Les blés susceptibles de verser sont généralement d'une couleur plus verte que les autres, au moment de l'épiage. Cette coloration trop verte de la plante, à cette époque, est un indice certain d'excès d'azote par rapport à l'acide phosphorique. Or ce sont les blés ayant cette même coloration verte et par conséquent le même excès d'azote, qui sont susceptibles de s'échauder et de se rouiller. De là l'attribution de ces trois sortes d'accidents à la même cause.

Il est bien évident que si dans l'intervalle de la fécondation à la maturité, il n'y a ni pluie ni vent pour faire verser, s'il fait un temps sombre sans coups de soleil pour produire l'échaudage, s'il n'y a pas de germe de champignons pour donner la rouille à la plante, on peut arriver à obtenir un bon grain d'un blé mal équilibré. Mais si toutes ces conditions ne sont pas remplies, on

s'expose à l'un ou à l'autre des trois accidents mentionnés, et peut-être à tous.

Il est donc prudent de ne pas avoir dans la récolte au
delà du double de l'azote par rapport à l'acide phosphorique. C'est une question de proportion d'engrais à
donner pour l'alimentation du blé. On se tromperait
grandement, si en se basant sur la proportion d'acide
phosphorique et d'azote ci-dessus énoncée, on donnait
comme engrais au blé, un mélange composé d'une partie
d'acide phosphorique assimilable et de deux parties
d'azote également assimilables : par exemple, un mélange
de 200 kilos superphosphate à 15 p 100 d'acide phosphorique soluble dans le citrate et 400 kilos de nitrate de
soude ; on serait sûr d'avoir du blé susceptible de tous les
accidents possibles. C'est qu'il y a toujours un apport forcé
d'azote provenant de la réserve du sol, par l'action des
microbes rendant assimilable une portion de cet azote
organique. En tenant compte de cet apport, qui est
d'autant plus considérable que la terre est plus riche en
azote, l'expérience indique que dans une terre de
moyenne richesse épuisée de cet élément par les récoltes
précédentes, il ne faut pas mettre plus d'une portion
d'azote par rapport à deux portions d'acide phosphorique
pour obtenir un blé bien équilibré.

On peut partir de ce point de départ qu'une récolte
pleine, de 30 quintaux de blé à l'hectare, enlève au sol
40 kilos d'acide phosphorique qu'il est nécessaire de
lui donner pour ne pas l'épuiser. Pour que ces 40 kilos
d'acide phosphorique soient absorbés par la récolte, il
faut en donner au moins 60 kilos, car il y a toujours des
particules d'acide phosphorique qui se trouvent en dehors
du périmètre d'action de la plante. Cet apport de 60 kilos

d'acide phosphorique correspond à un emploi de 400 kilos de superphosphate riche à 15 p. 100. C'est le minimum qu'il faut donner, à moins que la terre ne soit excessivement riche en acide phosphorique. Dans une terre de qualité moyenne épuisée d'azote par les récoltes précédentes, il faut donc ajouter en azote moitié du poids de l'acide phosphorique, c'est-à-dire par exemple, 200 kilos de nitrate de soude. Il résulte de là que, plus la terre est riche en azote assimilable par suite des récoltes précédentes, plus il faut ajouter d'acide phosphorique pour maintenir l'équilibre d'alimentation.

Pour mieux préciser, le blé se fait, par rapport aux récoltes précédentes, dans différentes conditions qu'on peut diviser en quatre catégories, suivant la richesse en azote laissée par les récoltes.

1° Blé après récent défrichement de luzerne ou de sainfoin, ou après trèfle, cas où la terre est dans les conditions de plus grande richesse en azote assimilable.

2° Blé après jachère ou demi-jachère, c'est-à-dire après récolte de minette, trèfle incarnat ou dravière

3° Blé après pommes de terre ou betteraves.

4° Blé après avoine non précédée de défrichement de luzerne ou de sainfoin, cas exceptionnel où la terre est le plus épuisée d'azote.

L'expérience nous a indiqué qu'il fallait employer dans nos terres argileuses de la Brie, assez riches en azote, dans les 3° et 4° cas, 200 kilos de nitrate de soude et 400 de superphosphate, avec addition de fumier dans le 4° cas.

Dans le 1er cas, 700 à 1 000 kilos de superphosphate sans fumier.

Dans le 2° cas, 500 à 600 kilos de superphosphate avec addition de fumier.

Dans nos terres sableuses, qui sont moins riches en azote, on peut augmenter un peu la proportion d'azote par rapport à l'acide phosphorique.

L'exagération de l'emploi de l'acide phosphorique peut avoir un inconvénient : la diminution de la richesse en gluten du blé; mais cet inconvénient est moins grave que l'exagération de l'emploi de l'azote, qui peut nous donner, à cause de la verse, de l'échaudage et de la rouille, un blé maigre et par suite un faible rendement en farine.

Nous faisons depuis plusieurs années, dans l'arrondissement de Meaux, des champs de démonstration pour la culture du blé dans chacun des cas précités, et les résultats que nous obtenons nous fixent d'une façon encore plus précise sur l'emploi des engrais.

Dans le syndicat agricole de Meaux, que j'ai l'honneur de présider, nous faisons tous les six mois des adjudications d'environ 10 000 quintaux d'engrais. Nous totalisons, pour chaque adjudication, les demandes de chaque sorte d'engrais faites par chacun des syndiqués. Une des grosses difficultés a été d'obtenir de chacun la connaissance de la nature des engrais qu'il avait à employer, et par suite à demander au syndicat. Sous ce rapport, les progrès scientifiques ont été plus rapides que les connaissances des cultivateurs. J'ai pensé qu'il fallait marcher vite, pour lutter contre la concurrence étrangère, et ne pas attendre qu'une nouvelle génération de cultivateurs soit plus instruite. J'ai donc imaginé un tableau de renseignements pour emploi d'engrais, qui est envoyé aux syndiqués un mois avant l'adjudication.

Les cultivateurs ont à remplir les colonnes de ce tableau ainsi conçu. (*Voir le tableau ci-joint.*)

SOCIÉTÉ D'AGRICULTURE, COMICE ET SYNDICAT AGRICOLE DE L'ARRONDISSEMENT DE MEAUX

Feuille de renseignements pour emploi d'engrais.

INDICATIONS A FOURNIR PAR LE CULTIVATEUR							RÉPONSE DE LA SOCIÉTÉ
NATURE du sol. Dire s'il est argileux, calcaire ou siliceux.	NATURE de la RÉCOLTE A FAIRE.	NATURE DE LA RÉCOLTE PRÉCÉDENTE.	Depuis combien de temps la terre est-elle défrichée de la prairie ou à l'inverse, de pré ou de bois?	FUMURE DERNIÈRE. Sa nature. Quelle quantité à l'hectare?	Depuis combien de temps le fumier est-il enfoui	Y a-t-il eu parcage de moutons?	NATURE ET QUANTITÉ D'ENGRAIS COMPLÉMENTAIRE à employer à l'hectare.

(Nom et adresse du Cultivateur) (Signature)

Ces indications m'étant envoyées, je réponds dans une dernière colonne : « Il faut employer telle quantité et telle nature d'engrais à l'hectare. » Tous les six mois, j'ai ainsi à répondre à une centaine de membres du syndicat. Je m'expose ainsi à une grosse responsabilité ; mais depuis 1886, je n'ai pas encore eu de reproches, et nos demandes d'engrais augmentent toujours.

Avec la culture du blé par le fumier seul, telle qu'on la pratiquait autrefois, on s'exposait à tous les accidents que j'ai signalés, en mettant toujours un engrais trop riche en azote.

En effet, le rapport de l'acide phosphorique à l'azote est :

Pour le fumier de bœuf.	1/1.5
Pour le fumier de vache.	1/2
Pour le fumier de cheval.	1/2.8
Pour le fumier de porc.	1/3.55
Pour le fumier de mouton.	1/4.33
Et pour l'ensemble des fumiers de ferme.	1/2.27

Si l'azote organique de ces fumiers était devenu aussi rapidement assimilable que les matières minérales qu'ils contiennent, on était exposé, à moins de temps exceptionnel, aux accidents de culture de blé déjà signalés ; et lorsqu'on dépassait une certaine dose de fumier à l'hectare, on avait nécessairement du blé versé. De là, de grandes irrégularités de récoltes d'une année à l'autre.

Le résultat est le même dans les pays neufs, où l'on cultive le blé sans engrais, dans des terrains forcément trop azotés, parce qu'ils proviennent de défrichement de prairies ou de bois. Suivant le temps favorable ou défavorable entre la fécondation et la maturité du blé, il doit y avoir, dans ces conditions, de grandes variations de récoltes.

Avec les méthodes nouvelles, basées sur la science et l'expérience de l'emploi judicieux des engrais complémentaires du fumier, nous assurons une plus grande régularité de récoltes dans notre pays.

Avec ces méthodes nouvelles, nous espérons arriver en même temps, d'ici à peu, à subvenir à notre consommation : il nous suffit en effet d'une augmentation de deux hectolitres en moyenne à l'hectare.

Je m'estimerai très heureux, si les résultats de mes travaux peuvent contribuer à cette augmentation de production en bon blé.

Paris. — Typ. G. Chamerot, 19, rue des Saints-Pères. — 26809.